小牛顿
动物生存高手

小牛顿科学教育公司编辑团队 编著

扫描二维码回复【小牛顿】

即可观看独家科普视频

北京时代华文书局

目 录
contents

关于这套书

大自然奇妙而神秘，且处处充满危机，动物们为了存活，发展出种种独特的生存技巧。捕猎、用毒、模仿，角力、筑巢和变性，寄生与附生的生长方式。这些生存妙招令人惊奇，而动物们之间的生存竞争也十分精彩。

《小牛顿动物生存高手》系列为孩子搜罗出藏身在大自然中各式各样的生存高手，通过此书，不仅让孩子认识动物行为和动物生理的知识，更启发孩子尊重自然，爱护生命的情操。

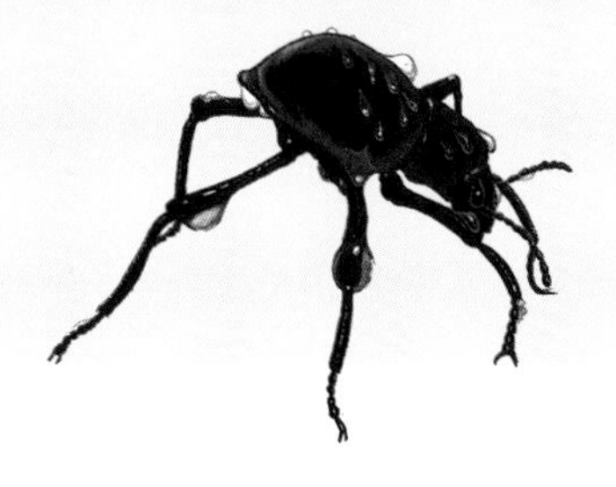

水中生存高手

高空高地生存高手

本单元含视频

不择手段舍命高手

帝企鹅与阿德利企鹅是南极大陆上仅有的两种企鹅。它们胖嘟嘟的身体，储存了丰厚的皮下脂肪，这是帮它们克服南极酷寒的其中一项法宝。

极冷极热生存高手

地球上有许多极为严酷的环境，例如南北极的冰冻世界，赤道附近的炎热沙漠，或者深海与高山，这些地方寒冷、酷热、缺水、干燥，因此很多动物不敢轻易尝试在此生活，但却有一群动物演化出极为强大的本领，在这些地方长住了下来，它们是怎么办到的？到底利用什么方法克服了艰险的环境，成为极限环境的生存高手呢？

扫描二维码回复【小牛顿】

即可观看独家科普视频

北极熊用灵敏的鼻子闻味道，找猎物……

北极熊的身体比其他熊庞大，但是，头部、耳朵和鼻子却特别小，这可以避免过多热量散失，有利于它们在寒冷的环境中生活。北极熊的嗅觉很灵锐，能嗅闻出冰下猎物的气味，根据气味可追踪到 5 千米外的动物尸体。

北极熊用厚实的脂肪和皮毛抗寒

北极熊住在北极的浮冰上，北极冬天的平均温度是零下40摄氏度，在这么寒冷的环境中，保暖非常重要，因此，北极熊演化出壮硕又浑圆的身体。北极熊是陆地上最大的熊，全身脂肪比例占体重的一半以上，因此它需要经常捕食，补充足够的脂肪与热量。除了有厚实的脂肪保暖外，北极熊全身雪白的双层皮毛，也是北极熊的保暖利器，浓密的皮毛能防水，也可以御寒。北极熊借由这些身体特征，保持体温并减少热能散失，成功适应了寒冷的北极环境。

北极熊的熊掌宽厚，能在光滑的雪地上行走，而且脚趾有蹼能辅助游泳。北极熊脚掌底部都有毛，可以隔开寒冷的冰面，也有防滑功能。

北极狐全身白毛，在雪地里，
保暖又不容易被发现。

北极狐会挖洞捕捉旅鼠来吃。北极冬天很长，食物非常匮乏，北极狐有时候会跟在北极熊后面，偷吃或捡北极熊吃剩的食物吃。

北极狐根据气候变换毛色

北极狐居住在北极海沿岸的苔原上，为了适应严寒的气候，它们在冬季大地冰封时，换上雪白长毛保暖，如果气温下降，还会躲进洞穴里面保暖，以度过寒冬；到了夏天，冰雪融化时，厚重的白毛会脱落，换上较凉爽的棕色短毛，以度过夏天。毛色变换的本领，除了能保暖外，还能改变体色，成为环境保护色，有利于它们躲过敌人攻击，也有利于它们捕猎。

到了夏天，北极狐会换成棕色短毛，除了方便散热，也有利于躲在苔原环境中猎捕小动物。

竖琴海豹宝宝会在浮冰上，呼唤海豹妈妈……
竖琴海豹妈妈从海中返回浮冰上时，可以循着海豹宝宝的叫声和气味，找到自己的宝宝。

竖琴海豹快快长大保护自己

竖琴海豹生活在北极圈海洋中，每年春天会在北冰洋的浮冰上生小宝宝，这样可避免小宝宝遭受北极熊的攻击。竖琴海豹身体圆滚滚的，厚厚的脂肪可帮助它抵御北冰洋的寒冷。竖琴海豹宝宝全身有雪白绒毛，非常保暖，更重要的是，妈妈一天会从海中回到浮冰上喂奶多次，母乳中含有极高的脂肪，可以让小宝宝一天长胖2～3千克。这些脂肪不但让它快速长大，也帮助它御寒。妈妈会跟随在小宝宝浮冰附近的海中，一听到宝宝哭叫，就快速上岸喂食或保护它。妈妈不吃不喝照顾小宝宝大约13天后离开，小海豹体重会从10千克，快速增长到36千克，并且在一个多月后换毛，进入海中生活。竖琴海豹宝宝在极地求生的方式，就是快快长大，离开浮冰，回到海洋，才能保护自己。

竖琴海豹宝宝一出生就有10千克重，每天喝海豹妈妈的高脂奶水，因此成长十分快速。

企鹅不怕冷，因为它们身上有三层重要的构造，最外层羽毛可以防水、防风，内层短绒毛可以留住暖空气保暖，第三层是皮肤下厚达 2~3 厘米的脂肪层，可隔绝寒气。

帝企鹅宝宝离开父母育儿袋后，除了靠身上的绒毛保暖外，也经常会一大群挤成一团，互相推挤，分享体温保暖。

帝企鹅挑战南极寒冬

南极大陆的冬天是目前地球上测得最低温的地区，冬天最低温可达零下89摄氏度，生活在南极的帝企鹅每年冬天会深入南极大陆准备产卵，帝企鹅妈妈产卵后，由帝企鹅爸爸抱着卵在永夜的寒冬中等待小宝宝孵化。因此，帝企鹅爸爸除了借由身上的脂肪和羽毛防寒外，也会与一大群同伴挤在一起，借由互相推挤缓慢移动，使内圈和外圈企鹅慢慢互换彼此的位置，借由分享体温和随时调整位置抵抗寒冷。小企鹅孵化后，也必须躲在父母腹部下方的育儿袋中取暖，借由父母的体温帮助它保暖，如果小企鹅离开父母的育儿袋，很快就会被冻死。

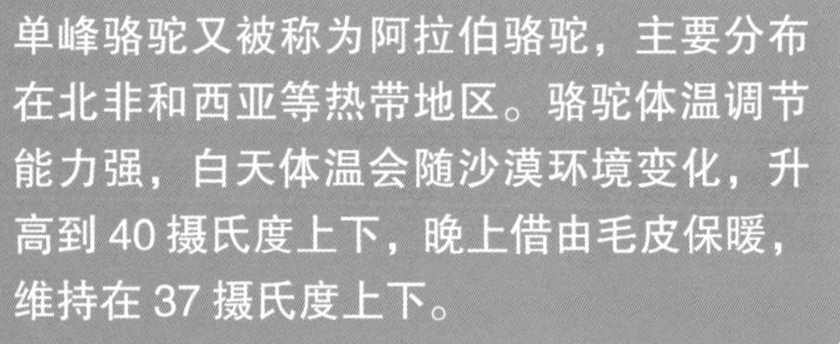

单峰骆驼又被称为阿拉伯骆驼，主要分布在北非和西亚等热带地区。骆驼体温调节能力强，白天体温会随沙漠环境变化，升高到 40 摄氏度上下，晚上借由毛皮保暖，维持在 37 摄氏度上下。

骆驼还能将鼻孔关闭，以免吸进太多风沙。

骆驼 自备粮食储存袋

沙漠是世界上最险恶的环境之一，这里全是滚烫的黄沙，可饮水源极少，生物极难生活在这里。不过，骆驼却成功适应了沙漠环境，它借由长长的睫毛防止风沙吹入眼中，可随意关闭的鼻孔也能避免吸入风沙，它的体温调节能力强，适合日夜温差变化大的沙漠环境，宽大的脚底下有软垫，仿佛穿了一双厚底靴，可防止被滚烫的沙子烫伤，也不会陷入沙地中。

骆驼最超越其他动物的本事是可以连续多日不吃不喝，靠着储存在胃袋与全身体液里的水，满足水分的需求，分解储存在驼峰里的脂肪，以补充能量。骆驼克服了炎热又干燥的险恶环境，成功在沙漠中生存下来。

耳廓狐利用灵敏的听力，准确找到藏在沙中的猎物！
耳廓狐是杂食动物，什么都吃，连有毒的蝎子也是它的食物之一。耳廓狐会用它听力灵敏的大耳朵，找到藏在沙中的猎物，然后挖出，大快朵颐一番。

耳廓狐 大耳朵帮忙散热

耳廓狐生活在撒哈拉沙漠里，这里白天温度高，晚上气温会快速下降。因此，白天温度高达50摄氏度以上时，如何让身体降温是很重要的事。白天耳廓狐通常会躲在洞穴或阴影下，避免曝晒在太阳下。还有，它有一对超大耳朵，大耳朵上有许多微血管，微血管会将它体内的热散出，帮助它在炎热的气温中调节体温。灵敏的听觉还能帮它寻找猎物，在远处即能听见沙中蜥蜴活动的声音，并把它们挖出来吃掉。耳廓狐的脚底还有厚厚的毛，即使走在滚烫的沙子上，也不会烫伤。

为了在炎热又缺水的沙漠中生活，耳廓狐白天会躲在岩缝或地洞里睡觉，避免过热，晚上才会出来打猎觅食。它和许多沙漠动物一样，都是夜行性动物。

阔趾虎的趾间有蹼，像一双“沙漠鞋”，可以让它在沙漠中施展轻功“沙上飘”来快速移动，才不会陷入沙子里无法前进。脚掌也是挖洞躲避炙热阳光的好工具。

阔趾虎·角响尾蛇独特的移动方式

沙漠动物为了避免被炙热的沙地烫伤，还有独特的移动方式，可以轻易地横渡沙漠。居住在纳米比沙漠的阔趾虎有大大的脚掌，趾间有蹼，这种特殊的脚形可说是最完美的沙漠鞋，它帮助阔趾虎在沙漠中快速移动，不会陷进沙子里，也不会被烫伤。不仅如此，阔趾虎的脚也是很好的挖掘利器，它利用脚挖洞躲避炙热的阳光，也帮助它们隐藏在沙中，避免被敌人发现。

分布在美国西部沙漠的角响尾蛇，则擅长跳跃移动，它会扭动身体，尽量减少身体与沙子接触的范围，又扭又跳地越过滚烫的沙地。

沙漠中的沙子被太阳晒得又热又烫，角响尾蛇利用“侧行”的方式跳跃行走，以防烫伤，在沙地上留下S形的移动轨迹。

每到清晨，沐雾甲就会纷纷走向沙漠顶端，准备取用珍贵的雾水。

沐雾甲 雾中取水克服干燥

生活在非洲纳米比沙漠的沐雾甲，也是身怀绝技的沙漠生存好手，它有神奇的取水绝招，能够克服在干燥少雨的沙漠环境中生活的需求。原来，邻近海洋的纳米比沙漠，每晚会有海风从海面吹向陆地，因此，沐雾甲会在每天清晨起雾的时候，爬上沙丘顶端，对着雾气吹来的方向伸直后脚，将身体往前倾迎接海风，当雾气接触到它又圆又大的身体时，会立刻凝结成水，并顺着它的鞘翅缓缓地从背部流向头部，直接流进沐雾甲的口中饮用，满足它一天的水分所需。

沐雾甲把身体倾斜，将雾气凝结成水。

沐雾甲趁着雾气来袭，将身体撑开、腹部举高，以便让雾水凝结在身体上，流进嘴里喝掉。

当天气逐渐变热，纳米比亚变色龙的体色会逐渐转变为浅灰色，反射过多的阳光来降温。

纳米比亚变色龙会埋伏在沙丘底部，等待喝饱露水的沙漠甲虫，就能趁机捕食多汁的甲虫，不但能饱餐一顿，还能解渴。

纳米比亚变色龙

变换颜色调节体温

纳米比亚变色龙和世界上其他变色龙一样，有着伸缩自如像弹簧般的舌头，还有能随心所欲变换体色的能力，当太阳很大的时候，它会挖洞或钻进其他动物的地洞中躲避太阳。为了适应沙漠环境，纳米比亚变色龙会配合阳光，改变身体的颜色以调节体温。在太阳直射地面，最热的时候，它会变成浅灰色，以反射阳光；当在温度低的清晨时，它的身体会转变成深黑色，以吸收太阳热能，提高体温。纳米比亚变色龙的变色技巧也有伪装的功能，改变体色隐藏在环境里，以免被饥肠辘辘的鸟儿发现被吃掉。纳米比亚变色龙的变色技巧，不仅是调节体温的最佳方式，也是保护自身安全最佳方法。

水熊虫是一种无脊椎动物，它的体型极小，身长大约 1 毫米。它有坚韧的皮肤保护，会成长、也会蜕皮，即使在水深火热，甚至是缺水、没有空气的环境中，都能紧缩身体，以“休眠”状态渡过难关，堪称是地表最强的动物。

水熊虫 连在外太空也能生存的超级生物

在这个世界上，还有一种耐热、耐冷又耐压的超强动物，它的名字就叫作——“水熊虫”。这种神秘的动物体型相当小，只有不到 1 毫米长，它广泛分布在世界各地的苔藓、泥巴以及水草湿地上；也曾经被科学家丢到滚烫的沸水中，和冰冻于低于零下 270 摄氏度的环境中，甚至是用最强力的辐射线照射，都杀不死它。直到公元 2007 年，科学家再次挑战水熊虫的生存极限，把水熊虫送上太空，观察它在太阳风肆虐的太空环境里，是否还能存活。结果，即使经历各式各样的极端环境试炼，水熊虫都成功地存活下来，可以说是拥有最极端生命力的强壮生物。

水中生存高手

大部分的昆虫选择在陆地上生活，但却有一部分昆虫生活在水中，而有些昆虫则利用幼虫与成虫间的变态过程，不只改变身体构造，连生活环境也转换。与同类生物选择完全不同的生活环境，不管在食物与环境竞争上，都有较大的生存优势，但是，却得挑战极限，重新发展出完全不同于同类的身体构造与生活方式。水中昆虫和蜘蛛，它们到底做了哪些改变呢？让我们一窥它们成为水中生存高手的秘密！

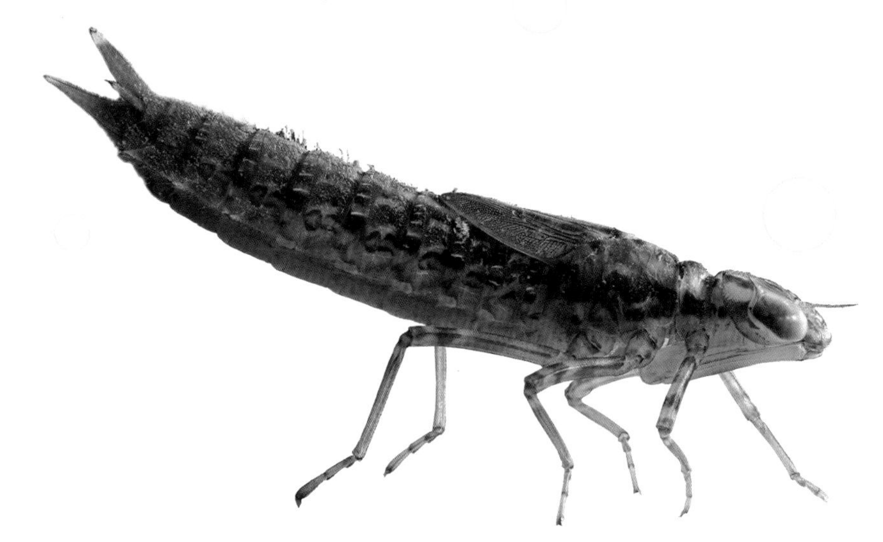

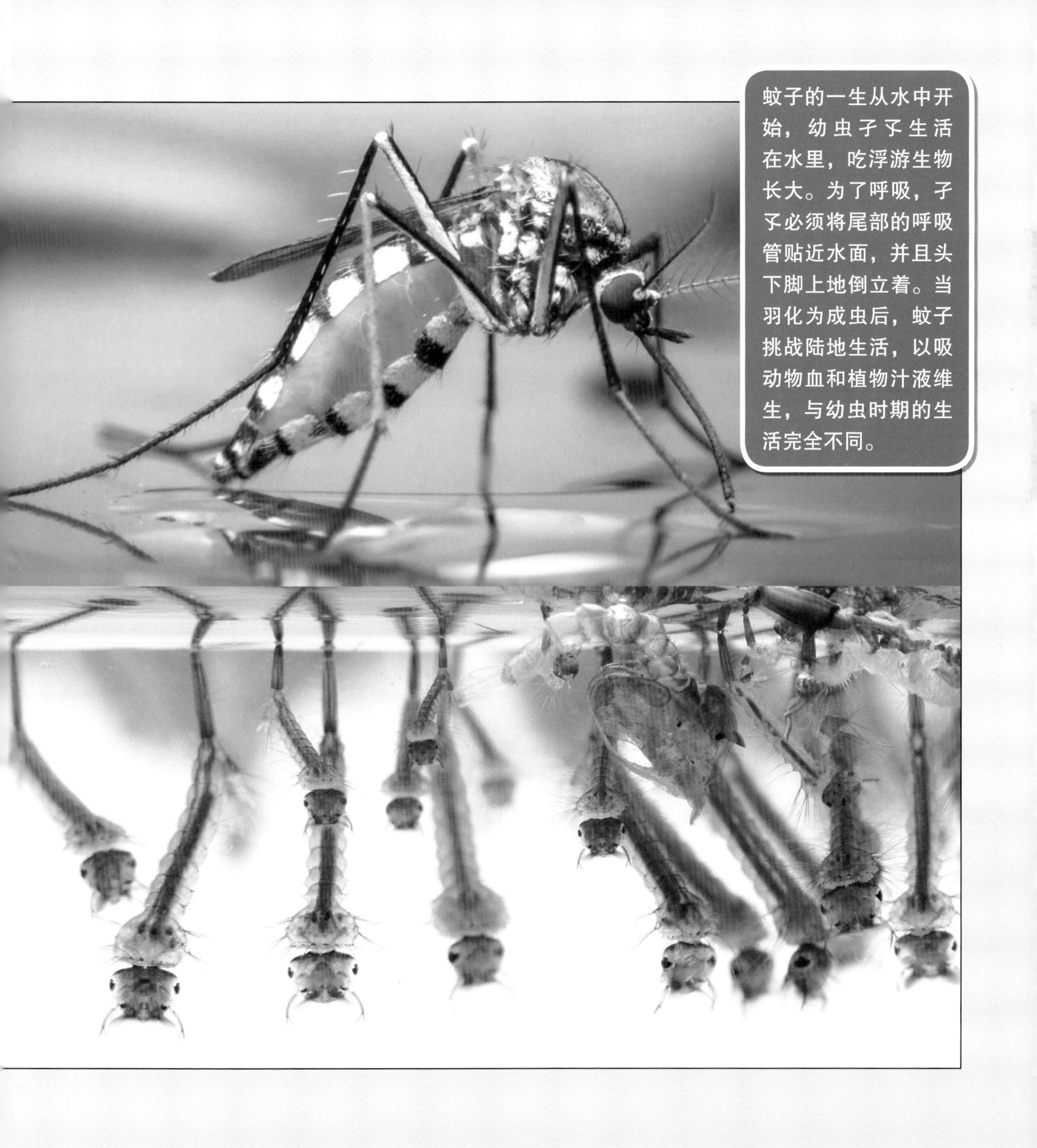

蚊子的一生从水中开始，幼虫孑孓生活在水里，吃浮游生物长大。为了呼吸，孑孓必须将尾部的呼吸管贴近水面，并且头下脚上地倒立着。当羽化为成虫后，蚊子挑战陆地生活，以吸动物血和植物汁液维生，与幼虫时期的生活完全不同。

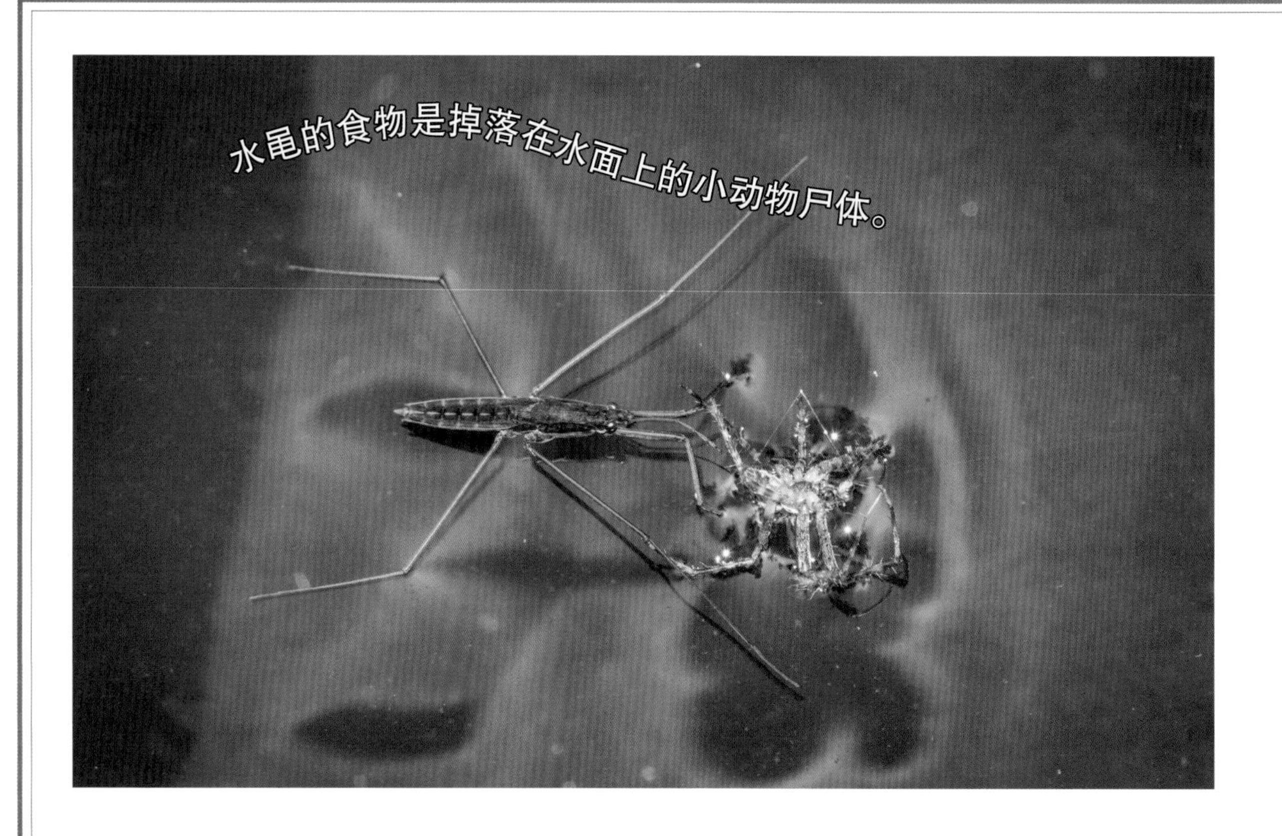

水黾轻功水上漂

水黾生活在静止的水面上，它在其他昆虫不敢轻易接近的水面上生活，而且适应得很好。为了能够在水面上活动，它们的脚上布满了细毛，表面还涂了一层防水的蜡，让它们能够“站”在水面上！另外利用后面又细又长的两对脚，像船桨一样划水前进，在水面上就能任意移动，捡拾水面上的小动物尸体为食。水黾如此不一般的生活方式，让它们找到了一个特别的生存空间，不与众多昆虫竞争空间与食物，还可以躲避陆地上的掠食者。

水黾利用了水的表面张力，
让它的脚可以站在水面上，
并且自由地在水面上移动，
捕食掉落水面的小动物。

龙虱呼吸的气孔长在腹部侧面、鞘翅下方，所以可以直接呼吸到鞘翅下夹带的空气。

龙虱自备氧气瓶潜入水中

龙虱生活在小溪旁，能够在陆上活动，但它的食物来源，却是在水中，所以经常得潜入水中，猎捕水中的小虫、小鱼，甚至吃比自己大好几倍的鱼类尸体。龙虱有很独特的呼吸系统，使它能长时间待在水下猎食。它如何维持在水下呼吸呢？潜入水中前，它会头下尾上的翘高屁股，将空气从尾端吸进它的鞘翅里面，形成许多气泡，并带着这些气泡，潜入水中。在水中活动时，就利用气泡里的氧气来呼吸；同时也将二氧化碳排出，在鞘翅下集合成气泡，下一次浮上水面换气时，就可以把满满的二氧化碳，再换成新鲜的空气。龙虱靠着这样的呼吸方式，一次潜入水中可以停留几十分钟，以争取它捕食的机会。

龙虱会浮到水面上换气。

水蛛的水下空气碉堡

水蛛又叫作银蜘蛛，是唯一住在水中的蜘蛛。水蛛一生都住在水面下，但是还是需要空气中的氧气来呼吸，为了在水中也能呼吸，水蛛的腹部有着特殊的细毛，水蛛会先将腹部探出水上，利用这些细毛，抓住水面上的空气，腹部细毛便会吸附一层厚厚的气泡，包着腹部用来呼吸的气孔。甚至，它还在水中织了个网子，固定在水草上，将腹部收集到的空气，放到网子下储存起来，形成一个大大的气囊，水蛛只要进到气囊里就可以呼吸换气了。

水蛛的腹部被一层空气包覆着，看起来就像闪闪发亮的银珠一般。水蛛呼吸的气孔在腹部，这层气泡包住了气孔，所以水蛛可以在水下顺利呼吸。

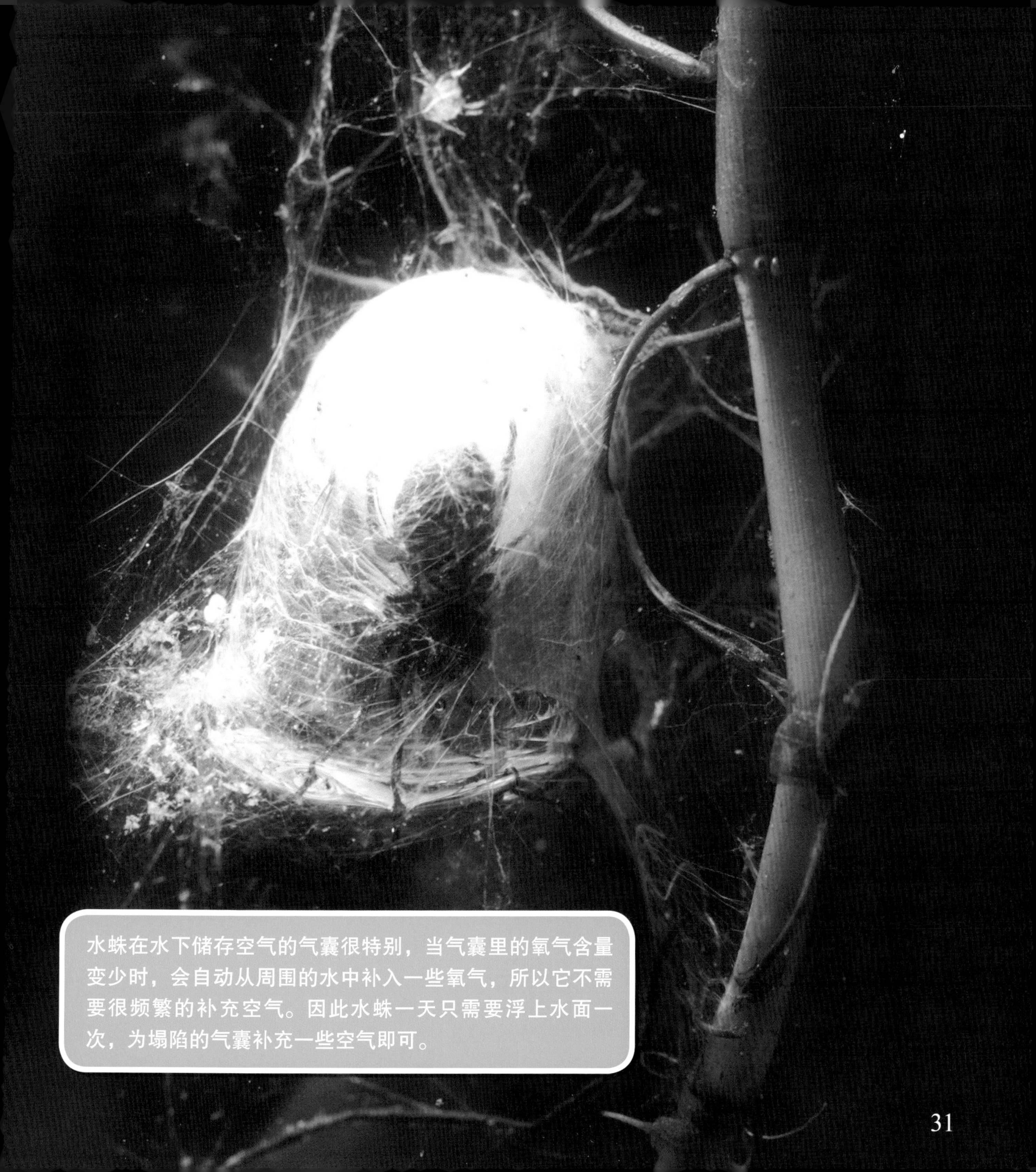

水蛛在水下储存空气的气囊很特别，当气囊里的氧气含量变少时，会自动从周围的水中补入一些氧气，所以它不需要很频繁的补充空气。因此水蛛一天只需要浮上水面一次，为塌陷的气囊补充一些空气即可。

蝎蝽·螳蝎蝽的呼吸管

蝎蝽与螳蝎蝽也是水中捕猎高手，它们的食物是水中的小鱼或蝌蚪。猎食的时候，会躲在水草中，静静等待猎物靠近，再出其不意地出击，用有力的前脚紧紧抓住猎物。为了可以长时间待在水中，蝎蝽与螳蝎蝽的身体尾端都有像针状的长呼吸管，在水里活动时，需要换气呼吸时，只要把尾巴翘得高高的，让呼吸管伸出水面，就能够顺利换气呼吸，如此一来，身体就可以继续潜在水中，能够长时间潜水而不用担心淹死，也能够猎捕猎物。

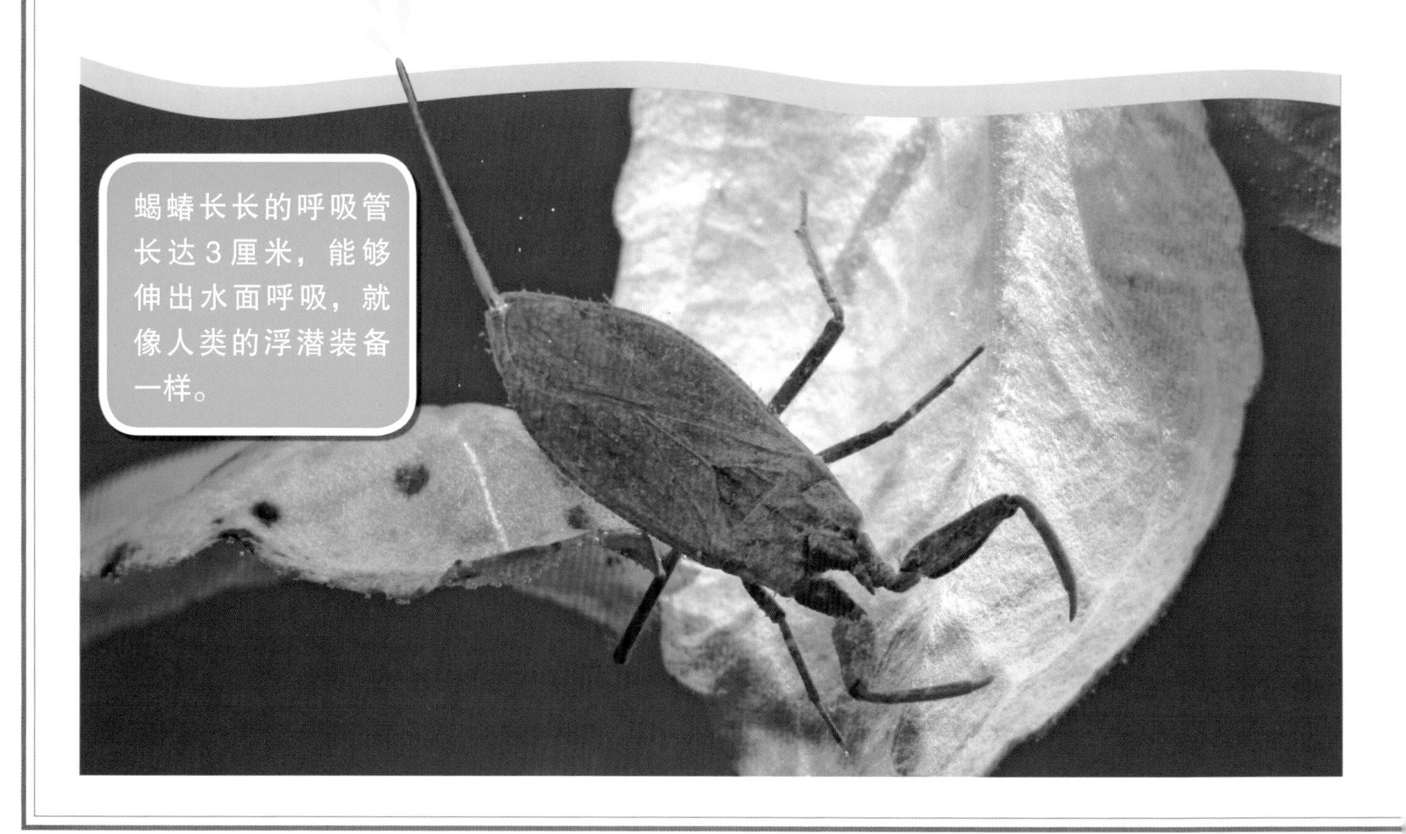

蝎蝽长长的呼吸管长达3厘米，能够伸出水面呼吸，就像人类的浮潜装备一样。

呼吸管

蝗蝎蝽具有一对像陆生螳螂一样的镰刀脚，上面还有细细的锯齿，猎食蝌蚪、小鱼无往不利。

镰刀般的前脚

水虿拥有特殊的直肠鳃，可以像鱼一样在水中自在地呼吸，不用到水面上换气。水虿经过 8 ~ 15 次的蜕皮慢慢长大，蜕去最后一次的皮就会羽化成蜻蜓。这种不经过化蛹时期的变态方式，称为“不完全变态”。
直肠鳃
水虿是水底下的猎人。

蜻蜓水上水下不争抢

蜻蜓是昆虫界的飞行高手，也是可怕的空中猎人，特别擅长空中追逐战。而蜻蜓的稚虫——“水虿”则是生活在水中，是水中猎人。水虿会在水里生活数月至数年，它们可以在水中呼吸，不用浮出水面换气，总是静静地躲在石缝或水草丛中，等待小动物经过，一旦出现机会，水虿就会毫不犹豫地迅速伸长下颚，勾住猎物，再拉回口中慢慢咀嚼，让猎物几乎没有逃跑的机会。

蜻蜓发展出在水中和空中生活的两个世代，稚虫在水里捕食小型水中生物，成虫则猎捕飞虫为食，生存空间与食物相较其他昆虫更多，让它们比其他昆虫更具有生存优势。

老鹰飞行时，会利用空气的气流飞行，只要找到正确的气流，不用费力拍动翅膀，就可以顺着气流一路往高处飞行。

高空高地生存高手

所有鸟类都是高空飞行的专家，它们改变骨头结构，以中空的骨骼减轻身体的重量，又改变肺部结构，增加气囊，让它们在空中飞行，既轻盈又不断气，因此，可征服天空，另辟生活空间。但是，挑战长时间飞行和极高空飞行，又是另一项挑战，信天翁和斑头雁却做到了。不只是鸟类，为了适应高地极限的动物，它们在身体上又做了什么改变，才让它们可生活于一般动物所不能达到的高山上呢？

长时间飞行，在海上寻找好吃的食物……

信天翁的翅膀细长，形状就像是巨大的回力镖，能帮助它轻松地在空中滑翔。

信天翁 长时间飞行专家

信天翁一生中大部分的时间都待在空中，甚至能够一边飞行，一边睡觉，只有在产卵、育幼时，才会长时间待在陆地上。信天翁的食物是乌贼与鱼等海中动物。信天翁会长途飞行，几乎很少停歇。信天翁有一对细长的翅膀，它的飞行技巧很好，可以巧妙的掌控气流变化，只要稍微改变翅膀角度，乘着气流，即使不拍动翅膀也能飞行长达数小时，持续在空中不断滑翔。信天翁有超强的飞行续航力，可以在12天内就飞到5000千米以外的地方。

信天翁的主食是鱼类和鱿鱼等，它能迅速地往海面俯冲觅食，是个捕鱼好手。

斑头雁成鸟大约2～3千克重，身体并不轻盈，但是有独特的生理构造可以适应稀薄的空气，还会顺着气流沿着山峰，就能省力的在高空飞行。常见鸟类的飞行高度通常在1000米以下，有些鸟类在迁徙时，飞行高度大约是3000～4000米，而斑头雁却能在6000～7000米的高度中飞行。

斑头雁最高鸟类飞行家

斑头雁是全世界飞得最高的鸟类之一。每年秋天斑头雁要从蒙古附近区域，南下到温暖的印度等地避冬，而来年春天，则要往北回飞，这一年两趟的旅途，都要越过第一高山脉——喜马拉雅山脉上空，飞行高度可达 6000 米。斑头雁的身体已经适应了高空的环境，有绝佳的呼吸系统，而且红细胞吸附氧气的效率比其他鸟类还高，即使在空气稀薄的高空中飞行，也能够取得更多氧气，使它们每次都能顺利完成长途飞行。

斑头雁在温暖的南边度过寒冬。

牦牛为群居性动物，野牦牛经常一大群一起出现在草原或水源处。

牦牛生活在世界屋脊上

牦牛是生活在青藏高原上的大型哺乳动物，它有长毛，每个季节长出的粗细不一。身体下方的长毛，看起来像裙摆，让它能保暖，且适应寒冷、空气稀薄的环境，所以能生活在 4000 ～ 5000 米的高山上。牦牛不但耐寒，还非常能耐饥、耐渴。高山草原生长期极短，它能利用短暂夏季，囤积足够脂肪，度过冰封的秋冬季节。牦牛的许多身体构造，也与其他牛种不同，为了适应高山空气稀薄的环境，它的气管粗短，红细胞较大，呼吸与心跳都变快。它的脚蹄也很善于爬山，也能在雪地上行走，不但能爬险坡，也能渡激流，完全适应了高山生活。

雪豹毛色泛白，全身有黑色斑点覆盖。在雪地上行动有隐蔽效果。它们伸缩自如的瞳孔，可防止阳光与雪地反光的干扰。

找到猎物，出动捕猎！

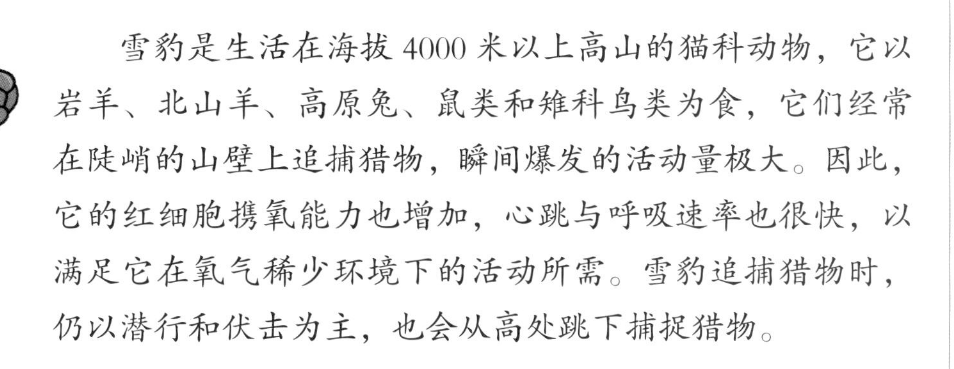

雪豹 高山上独来独往的猎手

雪豹是生活在海拔 4000 米以上高山的猫科动物，它以岩羊、北山羊、高原兔、鼠类和雉科鸟类为食，它们经常在陡峭的山壁上追捕猎物，瞬间爆发的活动量极大。因此，它的红细胞携氧能力也增加，心跳与呼吸速率也很快，以满足它在氧气稀少环境下的活动所需。雪豹追捕猎物时，仍以潜行和伏击为主，也会从高处跳下捕捉猎物。

河鲀的胃富有弹性，危急时可以吞入大量的
水或空气，让身体瞬间膨胀。其中，刺河鲀
全身带刺，膨胀时全身的刺会竖起，让掠食
者难以吞食。

不择手段舍命高手

自然界中总是上演着你追我逃的戏码，成为猎物的动物们，为了躲开掠食者的攻击，不只是会逃跑，还会耍一些小伎俩，把掠食者唬得一愣一愣的，争取更多逃跑的时间，有些动物为了生存，甚至搏命演出，使出装死、断肢、喷血等恐怖剧目，吓坏捕食者，逃过一劫，死里逃生。

有敌人攻击，先露出凶狠状，逼退敌人!

北美负鼠装死发臭

负鼠是一种生活在北美的有袋动物，大都在夜间活动，当受到攻击时，会立刻大吼大叫、张牙舞爪，露出自己最凶猛的一面，使尽一切力量试图逼退敌人，但如果这些都没用，它们就会施展出独特的退敌招数，就是立即昏倒在地，张开嘴巴、伸出舌头装死，甚至肛门旁的臭腺还会分泌出绿色的液体，散发出腐肉般的恶臭味，让敌人以为它们已经死了。负鼠可以在假死状态维持四个小时，足以撑到敌人远离。

负鼠的“假死”是一种非自主性的行为，只要它们受到过度的惊吓，就会自动进入假死状态。
使出最后绝招——假死！

蜥蜴断尾求生

许多蜥蜴的体型很小，容易成为别人的猎物，所以小蜥蜴除了很会躲、跑得快，在情况非常危急的时候还可以自断尾巴，让尾巴成为牺牲品，有些掠食者得到小点心后，就不会再继续追捕蜥蜴，而蜥蜴的尾巴在断掉后还会持续扭动、跳跃一段时间，除了能吸引掠食者的注意，还可以增加掠食者处理食物的时间，牺牲掉尾巴，让蜥蜴争取到更充裕的时间，逃之夭夭。

断尾处的伤口愈合后，过一段时间就会再长出新的尾巴，但是这条新尾巴里面是没有神经的，变得既没有知觉，也不会动，只是条肉块而已，但是如果下次再遭遇危险，还是多少能够发挥一些用途。

海参丢出内脏

海参生活在海底，仅靠着蠕动身体在海底缓慢爬行，过滤沙中的杂质为食。因为行进速度慢，也没有武器可以与敌人对抗，所以海参平常大多隐身在礁石之间，但如果真的遭遇危险，退无可退，海参其实还藏有一个大绝招——从肛门喷出内脏！喷出的白色丝线是海参的呼吸器官——“居维叶氏器”，碰到水后还会变得更加黏稠，并且散发难闻的异味，吓退敌人，借此逃过一劫。

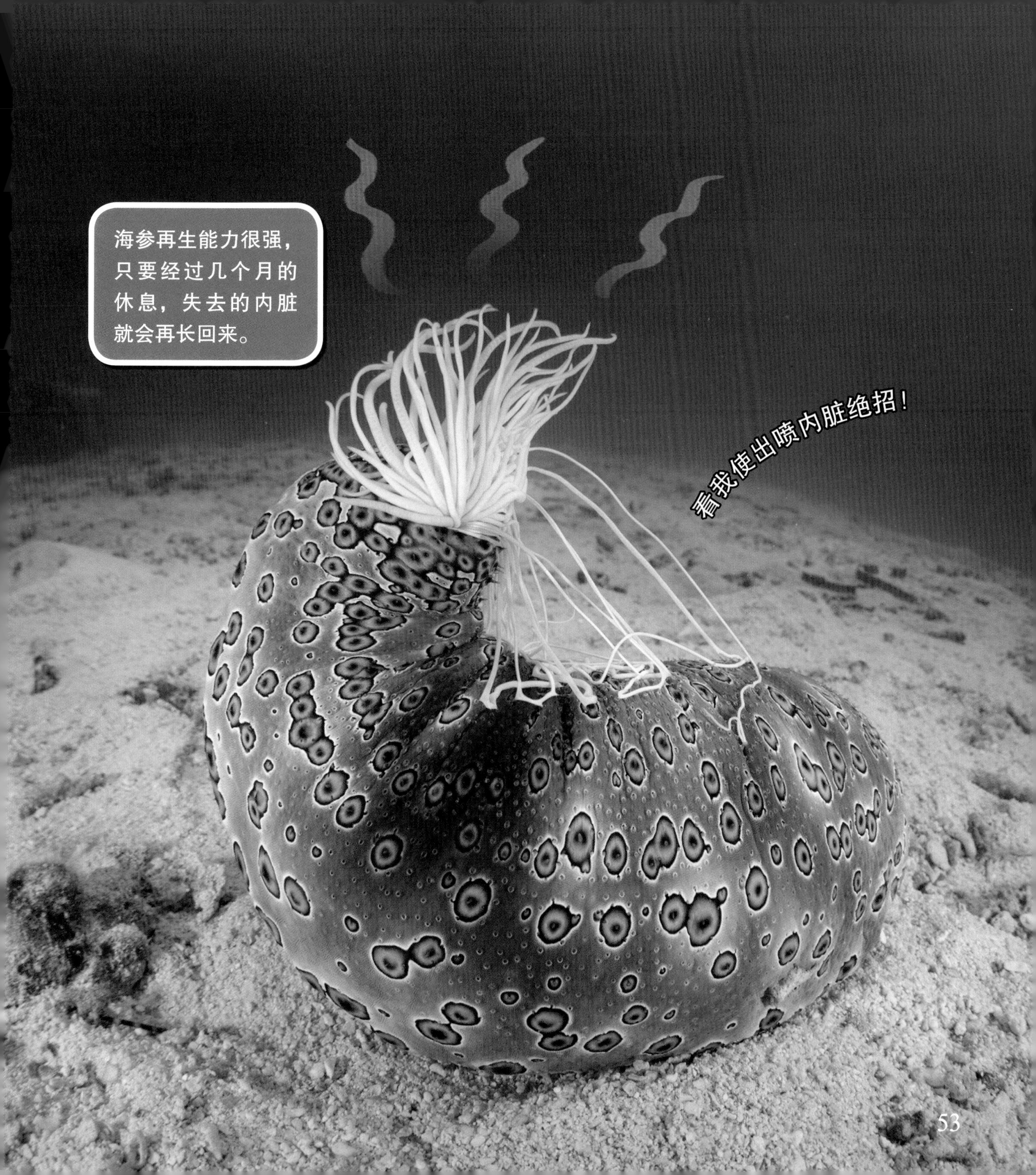
海参再生能力很强，
只要经过几个月的
休息，失去的内脏
就会再长回来。
看我使出喷内脏绝招！

角蜥喷血绝招

角蜥生长在美洲，全身长有许多棘刺，头上有角，角蜥有保护色，和周围的岩石颜色相近，不容易被发现，当遭遇到危险时，它们会先膨胀身体，让自己看起来又大又长满刺，不容易被吞下，但如果敌人仍然不放弃的话，角蜥就会使出它的最终绝招，就是眼睛喷血。角蜥会利用眼睛四周肌肉收缩的力量，让血液累积在眼睛下方，血压上升，最后血管破裂，向敌人喷出一道强而有力的血柱，角蜥就趁敌人受惊吓之时，趁机逃离。

角蜥平时隐身在石头堆中，不容易被找到……

角蜥眼睛喷血的绝技，是特别针对犬科及猫科掠食者，如果把血喷到猫狗的嘴里，血液里面的特殊物质能够让猫狗感到极度反胃，甚至还会呕吐。
被发现了！喷血来吓跑掠食者！

图书在版编目（CIP）数据

动物生存高手. 极限篇 / 小牛顿科学教育公司编辑团队编著. -- 北京 : 北京时代华文书局, 2018.8
（小牛顿生存高手）
ISBN 978-7-5699-2487-9

Ⅰ. ①动… Ⅱ. ①小… Ⅲ. ①动物－少儿读物 Ⅳ. ①Q95-49

中国版本图书馆CIP数据核字(2018)第146517号

版权登记号 01-2018-5056

文稿策划：潘美慧、吴晓平、廖经容、刘品青
图片来源：
Shutterstock：P2～16、P18～56
iStock：P17
Dreamstime：P40山

插画：
Shutterstock：P6
牛顿 / 小牛顿资料库：P5、P19沐雾甲虫、P22
陈荃：P28
朱家钰：P8、P45、P55
苏伟宇：P14

动 物 生 存 高 手　极 限 篇
Dongwu Shengcun Gaoshou　Jixian Pian

编　　著 | 小牛顿科学教育公司编辑团队

出 版 人 | 王训海
选题策划 | 王训海
责任编辑 | 许日春　沙嘉蕊
校　　对 | 张小蜂
装帧设计 | 九　野　孙丽莉
责任印制 | 刘　银

出版发行 | 北京时代华文书局 http://www.bjsdsj.com.cn
北京市东城区安定门外大街138号皇城国际大厦A座8楼
邮编：100011　电话：010-64267955　64267677
印　　刷 | 小森印刷（北京）有限公司　010-80215073
（如发现印装质量问题，请与印刷厂联系调换）
开　　本 | 889mm×1194mm　1/20　印　　张 | 3　字　　数 | 37.5千字
版　　次 | 2018年8月第1版　印　　次 | 2018年8月第1次印刷
书　　号 | ISBN 978-7-5699-2487-9
定　　价 | 28.00元